健康蔬果系列 **3** 南瓜的秘密

你喜歡 南瓜 嗎？

用南瓜作菜，煮、炒、炸皆宜，
可以做出各式各樣的菜式，
它甚至可以用來煮粥和煮湯，
又可以用來做布丁和批。
你喜歡用南瓜做什麼菜呢？

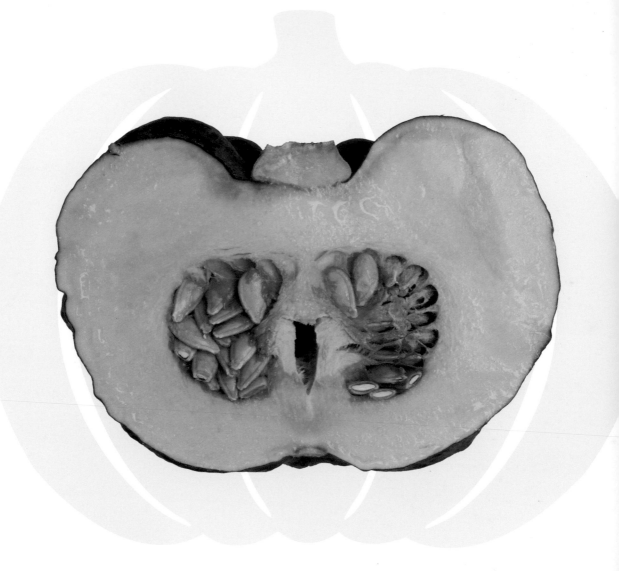

南瓜是什麼顏色的？

南瓜的營養價值很高。
特別是南瓜的橙色部分，
包含了抵抗疾病的營養。
所以，在冷天吃南瓜還可以預防感冒呢。

有好多不同
的顏色啊！

大家吃的是什麼 南 瓜 呢？

南瓜有很多不同種類，
主要分成 3 大類別。
那麼，它們各有什麼特徵呢？

◎印度南瓜
我們最常吃的類別，
是柔軟可口又帶有甜味的南瓜，
而且還有很多不同的形狀和顏色呢。

◎中國南瓜

它的特徵是表面凹凸不平，

而且有點黏黏糊糊的，並不太甜。

好像恐龍的背脊那樣
凹凹凸凸呢！

翠玉瓜
（美洲南瓜
的一種）

它的別名是
「麵條瓜」，
香港稱為
「魚翅瓜」。

◎美洲南瓜

這個類別有很多不同的顏色和形狀。
翠玉瓜就是具代表性的一種。
此外，這個品種中有些不作食用，
只會用來做裝飾品呢。

讓我們仔細地
觀察一下 南 瓜 吧。

南瓜的外皮很硬，又凹凹凸凸。
由於有堅硬的皮保護，
它不易腐爛，能夠長期保存。
當我們把南瓜切開，
就可看到它的外皮其實很薄。
但橙色的果肉部分很厚，
中央的種子則被棉絮似的纖維包着呢。

南瓜 是怎樣成長的呢？

南瓜成長時，
它的蔓會向四方八面伸延，
所以要在陽光充足和
開闊的地方上栽種。
不過，有些迷你南瓜
卻可以在花盆上栽種呢！

雄花

雌花

16

南瓜 開花了！

看！擁有黃色花瓣的大花朵
已一朵一朵地開花了。
咦？仔細看的話，
會發現有兩種花朵呢！
◎雄花
在大大的花瓣中間，
有雄蕊的花就是雄花，當中有很多花粉。
在東南亞的某些地方，
雄花還可以當作蔬菜來吃呢。
◎雌花
在大大的花瓣下方，
有個圓鼓鼓的東西的就是雌花。
它的中間只有雌蕊，
而雌蕊的尖端還分叉成 3 條呢。

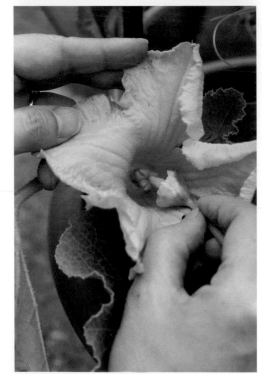

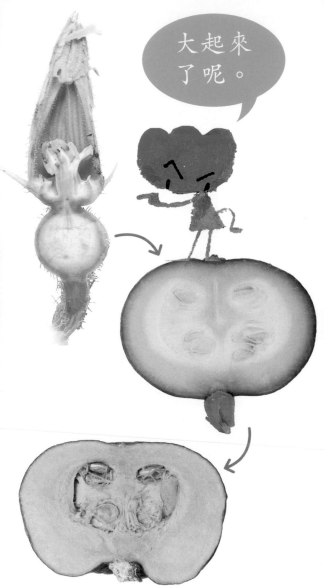

大起來
了呢。

花的下方不斷地 脹 起 來 呢！

由於黃色的花瓣很觸目，
在白天時會有很多昆蟲飛來。
昆蟲在雄花中沾上花粉後
再飛到雌花去時，
會把花粉沾到雌蕊上，這叫做「授粉」。
接着，在雌花那個脹鼓鼓的東西裏，
就會長出南瓜嬰兒了。
除了昆蟲之外，
我們也可以幫忙「授粉」啊。
只要在開花當天的早上，
把雄花中雄蕊的花粉
沾到雌花的雌蕊上，
結成果實的機會就會很大了。

是時候 收割 了！

讓我們仔細地看看南瓜的果柄吧。
養分和水分都是通過這條果柄
輸送到果實去的啊。
當果實成熟時，
這條果柄的使命就完結了。
當它枯乾後變成軟木塞似的樣子時，
就可以收割啦。
只要把收割了的南瓜
放在通風的地方一個星期左右，
它的味道會更甜、更好吃。
若把它放在清涼的地方，
不但可以保存到冬天，
連味道也可以保持鮮美呢。

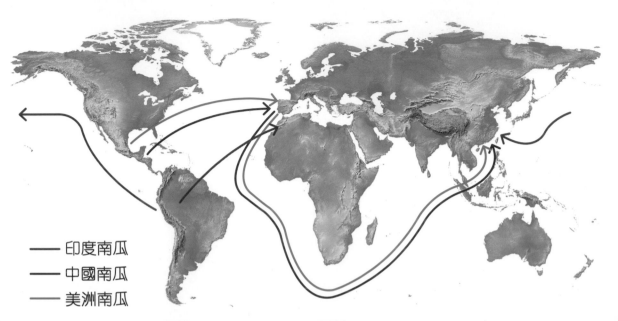

— 印度南瓜
— 中國南瓜
— 美洲南瓜

印度南瓜　　中國南瓜　　美洲南瓜

南瓜 是在什麼地方誕生的呢？

據説，印度南瓜是在

南美洲的高原地帶誕生的。

因此，它適宜在清涼的氣候中成長。

另外，據説中國南瓜則是在墨西哥南部

至中美洲的熱帶地區誕生的。

所以，它可抵酷熱，卻怕冷。

至於美洲南瓜，

它是在墨西哥的高冷地帶誕生的。

所以，這個品種中的很多南瓜

都可抵寒冷，卻怕熱。

萬聖節時，
為何用 南 瓜 來作裝飾？

發源於歐洲的萬聖節，
本是每年 10 月 31 日
慶祝農作物收成的儀式。
在這一天，先人的靈魂會回到家中，
但與此同時，惡鬼也會走來作惡。
為了驅除惡鬼，
人們就在家門前放置相貌恐怖的燈籠。
據說，這些燈籠起初是用大蕪菁製作的，
後來不知什麼時候改為用南瓜。
現在，萬聖節已經成為扮鬼扮馬和
小孩索取糖果的節日了。
而且，南瓜鬥大比賽也很受歡迎呢。

來吃美味的 南 瓜 吧！
營養豐富的「南瓜湯」

材料（2人分量）		牛奶	50 ml
南瓜	1/6 個	芝士片	少許
洋葱	1/2 個	歐芹	少許
雞湯	75 ml	鹽	適量

做法：

❶ 南瓜去皮，切成一口大小。洋葱切成粗絲。

❷ 把①放進鍋中，加水至剛好浸過材料，
　　然後煮至軟腍。

❸ 把②的材料連汁倒進攪拌器中攪至幼滑，
　　然後再倒進雞湯和牛奶攪勻。

❹ 加進鹽調味即成。把南瓜湯盛至碗後，
　　撒上裁成形狀漂亮的芝士和歐芹來裝飾吧。

＊製作時須家長陪同。
　　特別是南瓜堅硬難切，必須由大人幫手才行。

來吃美味的 南瓜 吧！

圓鼓鼓又可愛的 「南瓜小包子」

材料
蒸熟了的南瓜　　200g（去皮）
砂糖　　　　　　15g（請根據南瓜的甜度調節）
牛油　　　　　　5g（請置於室溫中使之變軟）

做法：

❶ 把蒸熟了的南瓜放進金屬碗中，
用搗碎器將之小心地搗碎。

❷ 把砂糖和牛油放進①中攪勻。

❸ 把②分成 8 份，然後用保鮮紙包起
搓成包子狀。

＊雖然用水煮腍的南瓜也可當作材料，但由於水分太多較難黏起。
＊製作時須家長陪同。
　特別是南瓜堅硬難切，必須由大人幫手才行。

一起來試試吧！
把 南 瓜 的種子製成零食！

從棉絮似的纖維中取出南瓜的種子，
洗乾淨後，放在笊篱中曬一兩天。
把曬乾後的種子放進罐子中保存，
一年後，就可拿來種植南瓜了。
種子中有什麼呢？
原來南瓜的種子內有「南瓜子」（南瓜仁），
它還有藥效的呢。
把曬乾了的種子用平底鍋炒一下，
再灑上鹽，還能當作零食吃呢。
你可以連殼吃，也可以咬開殼，
取出殼內的肉來吃，味道不錯的呀。

健康蔬果系列 3 南瓜的秘密

著：真木文繪

繪/攝影：石倉裕幸

翻譯：厲河

編輯：盧冠麟、郭天寶
美術設計：葉承志

出版
匯識教育有限公司
香港柴灣祥利街9號祥利工業大廈2樓A室

承印
天虹印刷有限公司
香港九龍新蒲崗大有街26-28號3-4樓

發行
同德書報有限公司
九龍官塘大業街34號楊耀松（第五）工業大廈地下
電話: (852)3551 3388　　傳真：(852)3551 3300

台灣地區經銷商
永盈出版行銷有限公司
電話: (886)2-2218-0701　　傳真：(886)2-2218-0704
地址：新北市新店區中正路499號4樓

版權獨家所有　翻印必究
未經本公司授權，不得作任何形式的公開借閱。

第 1 次印刷發行　　　　　　　　　　　　　　　　2018 年 4 月

港幣定價 HK$30　台幣定價 NT$135

讀者若發現本書缺頁或破損，請致電 (852)2515 8787與本社聯絡。